浪花朵朵

地理小侦探
奇妙的水循环

〔英〕阿妮塔·盖恩瑞 克里斯·奥克雷德 著

〔智〕保·摩根 绘 电鱼豆豆 译

海峡出版发行集团 | 海峡书局

证明完毕

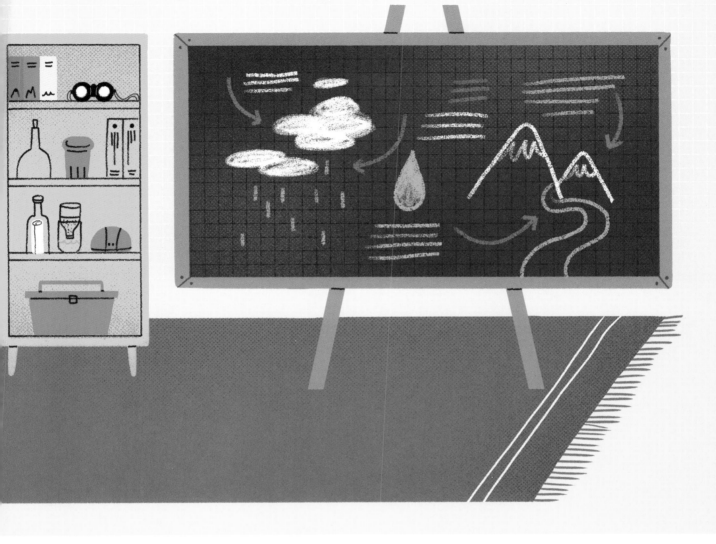

目录

奇妙的水循环

加入艾娃和乔治，和他们一起研究地球的水循环吧。他们会运用高超的侦探技能带你见识神奇的水循环，你们会在云中穿行，然后跟着雨滴落回地面，再顺着河流漂向远方。你也可以自己开展一些活动，来帮助他们一起研究。

地理小侦探准备出发啦！

雨水从天上的云层中倾泻下来，在地面汇成涓涓细流，然后淌进小河，汇入大海。

我们会"上天入地"开展研究，学习有关水循环的一切知识。

看看这些蓬松的云朵！它们是水循环的一部分。一起来调查它们是怎么形成的吧。

在水循环中，水不断运动。它从大海移动到空气中，再从空气跑到地面，从地面流进小溪和河流，跟随江河返回大海。然后，再重复一遍整个循环！

地理真相

如果没有水循环，地球上的所有陆地都将是一片巨大的沙漠！

世界上的水

海洋的水覆盖了地球表面积的三分之二，湖泊、河流、地下、空气和冰封的极地都有水。和地理小侦探们一起了解一下地球上不同类型的水吧。

呸！这水真咸！它富含矿物质，就像放进食物里的食盐。

水循环中的水有两种类型：大海和大洋中的水叫**咸水**，云、雨、河流中的水叫**淡水**。淡水中几乎没有盐分。

不要直接饮用河水或海水，因为里面可能有会让你生病的细菌。

这条河的水没有多少盐分，它正在一刻不停地朝大海奔去。我们喝的水也都是淡水，不是咸水。

地理真相

南极洲的一些厚冰，是由数百万年前落下的雪形成的。

世界上的大部分水在大洋中，仅仅一个太平洋就覆盖了整个地球接近一半的水域。太平洋最深处有近一万多米，这个数字比珠穆朗玛峰的高度还要大很多！

世界上大量的淡水被冰冻在**极地**的**冰川**、厚厚的冰山以及布满积雪的高山山巅。

找到地球上的水 活动

"谷歌地球"就像你的平板电脑或电脑屏幕上的地球仪，你能用它看到地球上所有的水。

1. 请大人帮你安装"谷歌地球"应用程序并启动。

2. 将地球缩小，直到你能看见整个星球。

3. 旋转地球直到看见位于美洲和大洋洲之间的太平洋。你能用同样的方法，找到大西洋和印度洋吗？

4. 找一找南极洲，它上面覆盖着厚厚的冰。

5. 用谷歌地球的搜索功能找到贝加尔湖。这片巨大的湖泊储存着地球上流动的河流、淡水湖总水量的五分之一。

现在，搜索一下亚马孙河流。亚马孙雨林的雨水会顺着亚马孙河流注入大海。你能沿着河流的流向，一路来到大西洋吗？

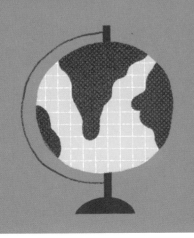

液体、固体和气体

水可能是**液体、固体或气体**。地理小侦探在雨林中找到了气态的水，叫作**水蒸气**。

雨林的空气中含有大量的水蒸气。由于太热，潮湿的地面和湿漉漉的灌木丛中的液态水很快就变成了气体。这种变化过程叫**蒸发**。

地理真相

当天气变冷，空气中的水蒸气会变回液态水。这个过程叫凝结。

你需要：
- 袜子
- 玻璃罐
- 冰块
- 窗户或镜子
- 冰水

寻找水蒸气 实验

我们周围到处都是水蒸气。蒸发和凝结每时每刻都在发生。让我们一起去找找它们吧！

1. 在玻璃罐里装满冰块，然后加冰水直到没过冰块，再观察罐子的外壁。你能看到小水珠吗？

   冰块和冰水让玻璃罐变冷，罐子周围空气的温度也因此降低了，所以空气中的水蒸气会变成液态水。这就是凝结。

2. 把袜子泡在冰水里，捞出之后尽可能拧干，然后晾在阳光充足的地方。每隔半个小时检查一次，你会发现袜子在慢慢变干。想一想，袜子里的水分都跑到哪里去了呢？

   阳光的热量会让袜子里的水分变成水蒸气，这就是蒸发。

3. 朝一扇冷冰冰的窗户或一面镜子慢慢呼气，玻璃表面会发生什么变化？

   玻璃表面会形成小水珠，水来自你呼出的气体。这又是凝结。

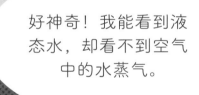

好神奇！我能看到液态水，却看不到空气中的水蒸气。

当空气中有许多水蒸气时，你会觉得周围的空气很**潮湿**。你身上出的汗也不会很快干透。

水由许多叫作**分子**的小东西组成。在水蒸气中，分子之间的距离比较大，而在液态水和冰里，分子之间的距离则更小一些。

用你的侦探技能找找其他有关水蒸气的例子吧。

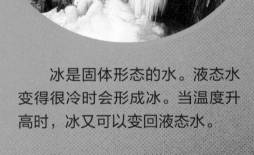

冰是固体形态的水。液态水变得很冷时会形成冰。当温度升高时，冰又可以变回液态水。

一圈又一圈

水循环是一场没有终点的旅程。艾娃和乔治要跟随水的步伐，从海洋飞上高空，再从高空下降到陆地，接着又一次返回大海。

1. 太阳给大海加热。这让水从大海表面蒸发出来，变成水蒸气。

今天真热呀！天气越热，水就会蒸发得越快。

地理真相

水要在**大气**中待10天左右，才会落回地面。

2. 高空中的水蒸气冷却下来，在天空形成了云。

3. 通过雨、雪、**冰雹**，水降落到地上。

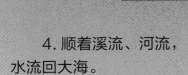

所以，落在我头上的雨水是从大海远道而来的。哇，太神奇了！

4. 顺着溪流、河流，水流回大海。

你需要：
· 保鲜膜
· 冰块
· 杯子
· 温水
· 碗

水循环模型 实验

做一个简易的水循环模型。

1. 向碗里倒大约3厘米深的温水。

2. 把杯子放在碗中，杯口向上。

3. 用保鲜膜盖住碗。

4. 把一些冰块放在杯口上方保鲜膜中央的位置。

5. 观察碗里发生了什么。你要等几分钟才能看到现象。

水从碗里蒸发出来，变成水蒸气。水蒸气靠近冰块后，变冷凝结在保鲜膜上。然后，液态水会滴进杯子里，就像水循环中下雨的过程一样。

在空中

接下来，地理小侦探们要近距离观察水循环过程的每一个环节。他们的旅程从大海开始，这里是海水蒸发到大气的地方。

当阳光照在海面上时，海面上水的温度会上升。温暖的海水蒸发成水蒸气，跑到空气中。携带着水蒸气的暖空气开始上升。

我想知道当海水蒸发的时候，海里的盐有什么变化？

没有变化！盐还留在海里。就是说，只有水蒸发了，盐没有跟着蒸发。

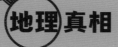

地理真相

植物也参与自然界的水循环。它们从土壤中获取水分，之后向空气释放出水蒸气。这就是蒸腾作用。

海水蒸发 实验

来看看来自太阳的热量是怎么让海洋里的水蒸发，并且上升到大气中的。

你需要：
· 两个完全相同的碗
· 水
· 食用色素
· 尺子

1. 在每个碗里倒一半水，滴上几滴食用色素。量一量每个碗里的水有多深，并记录下来。

2. 把一个碗放在阳光充足的窗台上，另一个碗放在室内阴凉的地方。

3. 每隔 2 个小时分别观察碗里的水，并且测量水的深度。哪个碗里的水消失得更快呢？

记住，天气越热，水蒸发得越快。所以在地球上较热的地方，会有更多的水蒸气上升到空气中。

接受阳光照射的那个碗里的水消失得更快。温暖的阳光能让水更快地蒸发出去，正如在水循环里一样。

水不仅会从大海里蒸发出去，还会从地面、湿润的土壤和小水洼里蒸发出去。

制造云彩

现在，艾娃和乔治要来到高空，在云层之间穿梭。来自大海的水蒸气会在大气中变成水或者冰，这形成了我们在天空中看到的云。

当你在寒冷的日子里呼气，你呼出的水蒸气会变成你能看见的小水滴，仿佛在眼前制造了一朵云。

含有水蒸气的温暖空气上升到大气中。上升时，空气的温度逐渐下降，水蒸气因此凝结——从气体变成液体。有时天气太冷了，水蒸气会变成冰。我们观察到的云就是大气中的水和冰。

看看这些正在形成的云！天气暖和的时候，空气在它周围一圈圈地旋转，你可以观察到云一点点长大。

地理真相

云看起来是白色的或灰色的，因为小水滴或小冰晶会反射太阳光。

如果你能躲在一朵云里近距离观察它，你就会看见数 10 亿个小水滴或小冰晶。

有时，风会把空气吹上山巅。空气在上升的过程中，温度会不断下降，所以山顶往往会出现云团。

你需要：
· 带盖的大罐子
· 热水
· 冰块
· 发胶

罐子里的云 实验

这次你会学到怎么在罐子里制作一朵只属于你自己的小云彩。

1. 请大人帮你在罐子里倒 3 厘米深的热水。

2. 向罐子里喷一点儿发胶。

3. 把盖子倒放在罐子上，开口向上。

4. 在盖子里放满冰块。

5. 仔细观察罐子，你能看见一朵云吗？

热水蒸发后，罐子里会充满水蒸气。盖子上的冰让水蒸气冷却下来，形成小水滴。发胶中的小颗粒有助于水滴聚集在一起，形成比较厚的云。

各种各样的云

地理小侦探要来到高空，调查不同形状、不同大小的云，有一块一块的云，有像棉花糖一样蓬松的云，有连成一片的云，还有一丝一丝的云。它们都由水滴或冰晶组成。

每一种云都有各自的名字，你可以在这两页发现一些不同的云。

积雨云

卷积云

你需要：

· 观云手册
· 纸
· 笔

地理真相

一片巨大的积雨云可以容纳100万吨水！

观察云 活动

1. 来到室外，抬头仰望天空。你能发现观云手册里面写的几种云吗？

2. 简单画下你看到的云。

3. 记录下日期和时间，还有当时的天气。

4. 找一个天空中有很多蓬松的云的晴天，抬头仔细观察这些云的顶端。你能看到云的形状在改变，而且变得越来越大吗？这是因为有越来越多的水蒸气在它们里面形成水滴。

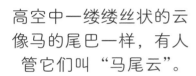

高空中一缕缕丝状的云像马的尾巴一样，有人管它们叫"马尾云"。

有的云在空中非常高的地方，最高的云在 12 千米以上的高空。

卷云

看！这些云堆积成一团了，所以我们把它们叫作积云。有的云在空中是分层的，它们叫层云。

高积云

积云

层积云

层云

有的云在空中很低的地方，几乎要贴到地面。有时还会把高山的奇峰异石遮得无影无踪。

返回地面

在水循环的下一个环节中，云里面的水会落回地面。地理小侦探要和它结伴同行。任何从天空降下来的水，无论是雨、雪，还是冰雹，都叫作降水。

你认为大雨滴和小雨滴降落得一样快吗？你觉得一滴雨能有多大呢？

当越来越多的水蒸气变成云里面的液态水，水滴或冰晶会变得越来越大，这会让云层变厚。

当你穿过低空中水雾弥漫的云海时，你会发现身边环绕着许多小水滴。

地理真相

现有的观测发现，最大的雨滴的直径可以达到9毫米！和你玩的弹珠一样大。

当水滴变得足够大时，它们会落向地面，形成雨。通常，冰晶会在下落穿过空气的过程中融化，但如果天气非常冷，它们还会形成雪花后落到地面。

你需要：

- 两升的塑料瓶
- 一些小石子
- 塑料尺子
- 剪刀（请家里的大人一起帮忙）
- 防水胶带
- 纸和笔

冰雹会从巨大的积雨云里落下来。雨滴结冰之后在云里面转来转去，聚成一个球，就形成了冰雹。

抓住降雨 实验

科学家用雨量计测量出降雨的量。雨量计能够接住降雨，并把它储存起来，用来测量。

1. 请大人帮你在距离瓶口三分之一的地方剪开塑料瓶，再将塑料瓶剪成两部分。

2. 在瓶底放少量小石子，以防风把瓶子吹倒。

3. 把瓶盖拧下来，将瓶子上半部分瓶口向下，倒放在下半部分里面，用胶带固定。

4. 用胶带把尺子粘在瓶子外面，注意零刻度线在小石子和瓶底凸起处上方。

5. 往瓶子里倒水，直到水面在尺子的零刻度线处。这样，你的雨量计就准备好了。

6. 把雨量计水平放在户外空旷的地方，远离房屋和树木。

7. 在每天的同一时间读出水面高度。记录下日期和降雨量，水面上升的高度表示降雨量。

8. 读数后，把增加的水倒出去，保证水面高度回到尺子的零刻度线。

奔向大海

艾娃和乔治来到了水循环之旅的最后一站。在这里，地面的涓涓细流注入河流，一条条江河汇入大海。水回到了整个水循环开始的地方。

下起倾盆大雨时，一定要当心顺着下坡路奔涌的水流。它会一路流进当地的江河。

一些落在地面的降雨往低处流去，直到流入潺潺的小溪。这叫作径流。

你需要：
· 塑料托盘
· 沙子
· 洒水壶和水
· 一块木头或砖头

水塑造陆地 实验

制作一个简单的模型，看看河水是怎么把岩石从一个地方冲刷到另一个地方的。最好在户外制作。

1. 在托盘里铺满大约 2 厘米厚的沙子。

2. 用一块木头或一块砖头把托盘的一端垫高。

3. 用洒水壶把水洒到托盘顶端的沙子上，观察沙子有什么变化。

洒水壶里的水就像雨水一样落在土地上，当它向托盘底部流去的时候，水滴会汇聚成小小的溪流，把泥沙也带到底部，就像河流把小小的岩石运到大海一样。

春天，当山雪融化时，雪水会流到河流里。整个寒冬，水都被困在冰雪中。但现在，它又重新回到了水循环里。

地理真相

亚马孙河每秒钟向大西洋注入的水量足够填满50个奥运会游泳池！

你还记得河流里的水都是淡水吗？当淡水流进大海，它会和咸的海水混合。

小溪淙淙，汇聚成更大的溪流；溪水潺潺，汇聚成河；河流穿过陆地，奔向汹涌的大海。

地下水

一些落在地上的雨水会渗入土壤形成地下水。跟艾娃和乔治一起去地下看看雨水是怎么形成地下水的吧！

下雨的时候，一部分水会流进洞穴和地下的通道。当雨不是很大时，积水会慢慢流淌消失，而瓢泼大雨则会把洞穴填满。

你知道滴水穿石的故事吗？慢慢地，流下来的雨水会让洞穴越来越大，里面的通道也会越来越宽。

地理真相

当水完全把泥土浸透时，通常会从地下渗出来。从地下流出来的水叫作泉。

你需要：

- 塑料瓶子
- 沙子
- 小石子
- 一块棉布
- 花园里的泥土
- 水壶
- 剪刀（请家里的大人一起帮忙）

砾石过滤器 实验

当水流过一层层的岩石砂砾，它就会变得干净。因此，地下水通常很干净。一起来看看这是怎么回事吧！

1. 请大人帮你把瓶子底部三分之一的部分剪下来。

2. 取下瓶盖，把瓶子顶部倒插在另一部分里，瓶口向下。

3. 把一块棉布紧紧压在瓶颈处，封住瓶口。

4. 在棉布上面倒一层5厘米厚的沙子。

5. 在沙子上面倒一层5厘米厚的小石子。

6. 在一壶清水里加一些泥土，把水慢慢倒在过滤器的顶端。

7. 等待水滴进下面的瓶子里。

你的过滤器把混合着泥土的水变干净了吗？不要喝过滤出来的水，因为里面可能含有细菌。

我看到一股溪流从地下冒出来，真是太有趣啦！

在洞穴的尽头，有一条地下河流到外面。地下水在返回大海的途中会与其他溪流和河流汇合。

水循环的用处

淡水是自然界中非常稀缺的资源。我们需要饮用淡水，用淡水清洗东西、灌溉庄稼。快跟随地理小侦探，去看看我们能从哪里找到淡水吧。

我们储存淡水的巨大"湖泊"叫**水库**。一堵被称为**水坝**的厚厚的墙会把小溪和河流里的水拦住，形成水库。

宽管道可以让水流出水库，以防水溢出来。

这座水库现在看上去有一点儿空，不过等到下大雨的时候，会有大量的水流到河里，它就会再次蓄满水了。

地理真相

有时，人们会从地下取水。他们会挖一口很深的井，直至挖到地下深处的水。

做一个水车 实验

1. 把光盘平放在桌子上。

2. 把 6 个瓶盖立起来，瓶盖朝同一方向逆时针在光盘边缘均匀地摆一圈，请大人帮你用胶水把瓶盖的侧面粘在光盘上。

3. 在所有瓶盖顶端涂上胶水，把另一张光盘粘上去，确保与底部的光盘对齐。

4. 木勺子的勺柄穿过 2 张光盘的孔。

5. 把水车拿到水龙头下，让平稳流动的水冲到盖子里。看，水车会不停地旋转！

你需要：

· 两张不用的光盘
· 六个塑料瓶盖
· 木勺子
· 热熔胶（请家里的大人一起帮忙）

下面的洞真像一个巨大的排水孔啊！当水库蓄了太多水时，水就必须从这里流出去。

我们能用流动的水让水车旋转，并用它来发电。

在一些地方，我们能从流动的水中获得能量，并把它转化成电能。

25

爱护水资源

地理小侦探们正在调查人们是怎么污染水资源的。如果我们想喝干净的水，想让动植物也喝到干净的水，我们就需要开始更用心地爱护水资源。

呕！这里的水太脏了，谁都喝不了。

一些工厂把有毒的化学物质排进小溪和河流，有时还会向河流排放工业废水。

由于人们往河里扔垃圾，塑料袋和塑料瓶常常堵塞河道，而水流会带着塑料制品流进大海。所以为了清理这条河，艾娃和乔治要进行垃圾大扫除行动啦！

地理真相

全球变暖正在逐渐改变水循环过程。一些地区变得越来越干燥，还有一些地区变得越来越潮湿。

做出改变！

按照 3R 原则，也就是减量化原则（Reduce）、再使用原则（Reuse）和再循环原则（Recycle），你也能减少水污染、停止浪费水资源，为爱护水资源出一份力。下面是一些建议：

1. 减少使用塑料和水：
   · 不使用塑料吸管和塑料餐具；
   · 当你刷牙的时候，关紧水龙头；
   · 缩短洗澡时间。

2. 重复使用塑料和水：
   · 用塑料瓶装白开水喝，不去买新的瓶装水；
   · 重复使用购物袋，不去买新的塑料袋。

3. 回收利用塑料：
   · 把废弃塑料扔到可以回收再利用的地方，你可以在塑料瓶和垃圾桶上找到可回收标志。

扔到河流和大海中的垃圾会伤害生活在那里的动物。

海洋中的塑料垃圾会对海龟等海洋动物造成伤害。

地理小侦探测试

现在来帮艾娃和乔治回答这些地理小侦探问题吧。在探索水循环的过程中，你学到了什么呢？

1. 海水和淡水有什么区别？

2. 气体形态的水叫什么？

3. 水蒸发时，发生了什么？

4. 当水蒸气冷却下来，会发生什么？

5. 云是由什么组成的？

6. 蓬松的堆积在一起的云叫什么？

7. 铺成一层的云叫什么？

8. 能带来雷雨的巨大云团叫什么？

9. 你能列出三种不同类型的降水吗？

10. 我们用什么方法来测量降雨量？

11. 从陆地流入河流的水叫什么？

12. 你在哪里可以找到地下水？

13. 储存饮用水的"湖"叫什么？

14. 我们扔掉的什么东西堵塞了河流？

词汇表

冰雹　从云层中落下的冰块。

冰川　从高山慢慢移动下来的冰河。

潮湿　形容空气中包含了很多水蒸气。

大气　环绕着地球的一层空气。

淡水　几乎不含任何盐分的水。

分子　极其微小的物质粒子，能构成许多物质，比如水。

极地　地球表面两个很冷的地方（北极和南极）。南北极的极点和地轴在一条线上。

凝结　气体变成液体的过程，比如水蒸气变成水。

全球变暖　人类活动导致地球大气逐渐变暖的现象。

气体　物质的一种形式，比如空气，气体能充满装它的容器。

泉　水从地下汩汩冒出来的地方。

沙漠　陆地上非常干燥、植物很少的地区。

水坝　水库中一堵又坚固又厚的墙或堤岸，用来拦截水。

水库　人们在山谷中修建水坝来拦截水流，形成的人造湖泊。

水蒸气　气体形式的水，在空气中很常见。

咸水　含盐的水，尝起来很咸，比如海水。

液体　物质的一种形式，比如水，液体具有流动性，能根据装它的容器改变形状。

蒸发　液体变成气体的一种方法，比如水变成水蒸气。

作者的话

小朋友，你好！

我们希望你喜欢和"地理小侦探"一起的探索旅程！这本书里有很多关于水循环的知识，读完本书的你都了解了吗？里面的实验你都有试着做一做吗？

我们已经写了很多不同主题的书，从怪物卡车到太阳系，应有尽有，但我们居住的地球一直是我们最喜欢创作的对象。我们喜欢户外运动，比如皮划艇、风帆冲浪和帆船运动。所以很多时候，我们离水很近，有时在湖面上，有时在流动的河水里，有时在大海中。我们有很多机会了解、观察水循环的运转！我们也喜欢爬山，那里似乎总是有很多的云和雨！

我们住在英格兰的约克郡，一座叫"清泉谷"的房子里。我们叫它"清泉谷"，是因为房子旁边的花园中有一眼清泉。在那里，地下水沿着水循环的路线，从地底下一股股冒出来。

阿妮塔·盖恩瑞和克里斯·奥克雷德

致教师和家长

通过更多活动和讨论，你可以在课堂上或家里进一步学习。

2014 年，纽约降雨量创历史新高，短短几小时内的降雨量接近平时 60 天的降雨量。这会对城市有什么影响呢？研究调查降雨事件产生的影响，并与孩子们进行讨论。

美国国家航空航天局发现南极洲东部的冰川正在迅速融化。如果南极洲的冰川全都融化了，孩子们认为我们的星球会发生什么呢？

泰晤士河流经伦敦，由于下了太多的雨，它的水位有时会上升到很危险的高度。了解一下为了避免洪水泛滥造成灾害，人们打算怎样保护伦敦。

水循环对人既有积极的影响，也有消极的影响。有时上升的暖空气会在海洋上空形成飓风。在飓风中人们应该怎样保证安全？置身飓风之中在孩子们看来是什么感觉呢？

湖泊由淡水组成，而海洋含有咸水。你可以在你们国家的地图上找到最大的湖泊。问问孩子们，湖泊是怎么参与水循环的？

淡水从河流的源头一路来到河口汇入大海。一些鱼会在一年中的特定时间逆流而上，在河床产卵。孩子们能从这些鱼和它们的溯洄之旅中发现什么呢？

在靠近河流或海岸的地区，人们利用水力发电。关于水力发电的知识孩子们都了解多少呢？为什么水力发电比其他的发电方式更好呢？

著作权合同登记号 图字：13 – 2023– 075 号

图书在版编目（ＣＩＰ）数据

地理小侦探 /（英）阿妮塔·盖恩瑞
(Anita Ganeri)，（英）克里斯·奥克雷德
(Chris Oxlade) 著；（智）保·摩根 (Pau Morgan) 绘；
电鱼豆豆译 . -- 福州：海峡书局，2023.10
书名原文 : Geo Detectives: The Water Cycle,
Volcanos and Earthquakes, Amazing Habitats, Wild
Weather
ISBN 978-7-5567-1147-5

Ⅰ . ①地… Ⅱ . ①阿… ②克… ③保… ④电… Ⅲ .
①自然地理—儿童读物 Ⅳ . ① P9-49

中国国家版本馆 CIP 数据核字 (2023) 第 171545 号

GEO DETECTIVES
THE WATER CYCLE

Authors: Anita Ganeri and Chris Oxlade
Illustrator: Pau Morgan

© 2019 Quarto Publishing plc
This edition first published in 2019
by QED Publishing,
an imprint of The Quarto Group.
1 Triptych Place, Second Floor
London, SE1 9SH,
United Kingdom
All rights reserved. No part of this publication may be reproduced, stored in a retrieval system, or transmitted in any form
or by any means, electronic, mechanical, photocopying, recording, or otherwise, without the prior permission of the publisher,
nor be otherwise circulated in any form of binding or cover other than that in which it is published and without a similar
condition being imposed on the subsequent purchaser.

Simplified Chinese translation edition published by Ginkgo (Beijing) Book Co., Ltd.
本书中文简体版权归属于银杏树下（北京）图书有限责任公司。

地理小侦探：奇妙的水循环
DILI XIAO ZHENTAN: QIMIAO DE SHUIXUNHUAN

作　　者	［英］阿妮塔·盖恩瑞　［英］克里斯·奥克雷德	译　　者	电鱼豆豆
绘　　者	［智］保·摩根		
出 版 人	林　彬	出版统筹	吴兴元
编辑统筹	冉华蓉	责任编辑	廖飞琴　魏　芳
特约编辑	朱晓婷	装帧制造	墨白空间·唐志永
营销推广	ONEBOOK		

出版发行	海峡书局	社　　址	福州市白马中路 15 号
邮　　编	350004		海峡出版发行集团 2 楼
印　　刷	北京利丰雅高长城印刷有限公司	开　　本	889 mm × 1120 mm 1/16
印　　张	8	字　　数	160 千字
版　　次	2023 年 10 月第 1 版	印　　次	2023 年 10 月第 1 次印刷
书　　号	ISBN 978-7-5567-1147-5	定　　价	108.00 元（全四册）

官方微博　@ 浪花朵朵童书
读者服务　reader@hinabook.com 188-1142-1266
投稿服务　onebook@hinabook.com 133-6631-2326
直销服务　buy@hinabook.com 133-6657-3072

后浪出版咨询 (北京) 有限责任公司　版权所有，侵权必究
投诉信箱：editor@hinabook.com　fawu@hinabook.com
未经许可，不得以任何方式复制或者抄袭本书部分或全部内容
本书若有印、装质量问题，请与本公司联系调换，电话 010-64072833